Ruby Jindal

Física do Futuro: Tecnologias que irão moldar o futuro

AF376142

Ruby Jindal

Física do Futuro: Tecnologias que irão moldar o futuro

ScienciaScripts

Imprint

Any brand names and product names mentioned in this book are subject to trademark, brand or patent protection and are trademarks or registered trademarks of their respective holders. The use of brand names, product names, common names, trade names, product descriptions etc. even without a particular marking in this work is in no way to be construed to mean that such names may be regarded as unrestricted in respect of trademark and brand protection legislation and could thus be used by anyone.

Cover image: www.ingimage.com

This book is a translation from the original published under ISBN 978-620-7-80729-1.

Publisher:
Sciencia Scripts
is a trademark of
Dodo Books Indian Ocean Ltd. and OmniScriptum S.R.L publishing group

120 High Road, East Finchley, London, N2 9ED, United Kingdom
Str. Armeneasca 28/1, office 1, Chisinau MD-2012, Republic of Moldova, Europe
Printed at: see last page
ISBN: 978-620-7-79555-0

Copyright © Ruby Jindal
Copyright © 2024 Dodo Books Indian Ocean Ltd. and OmniScriptum S.R.L publishing group

ÍNDICE

Prefácio

O domínio da física sempre foi uma pedra angular da compreensão humana, impulsionando a nossa busca para decifrar os mistérios do universo e aproveitar o seu potencial. Ao longo dos séculos, a física evoluiu da mecânica clássica para as teorias quânticas, moldando continuamente o panorama tecnológico. Atualmente, estamos no limiar de uma era em que a convergência da física avançada e da tecnologia inovadora promete redefinir o nosso mundo de formas outrora relegadas para o domínio da ficção científica.

A "Física do Futuro: Tecnologias que irão moldar o amanhã" tem como objetivo explorar esta emocionante fronteira. Este livro investiga as descobertas de vanguarda e as tecnologias emergentes que estão prestes a revolucionar vários aspectos da vida humana. Da computação quântica à exploração espacial, das fontes de energia renováveis à inteligência artificial, os capítulos que se seguem fornecem uma panorâmica abrangente dos princípios científicos e das inovações tecnológicas que irão impulsionar o futuro.

Ao escrever este livro, esforçámo-nos por fazer a ponte entre conceitos científicos complexos e as suas aplicações práticas. O nosso objetivo é tornar o fascinante mundo das tecnologias do futuro acessível a um vasto público, inspirando a curiosidade e promovendo uma apreciação mais profunda das maravilhas da física. Quer seja um cientista experiente, um estudante ou simplesmente um entusiasta de tecnologias futuristas, este livro oferece uma visão dos avanços inovadores que estão destinados a transformar o nosso mundo.

Dr. Ruby Jindal
(Universidade K.R. Mangalam, Gurugram, Haryana, Índia)

Capítulo 1: Computação quântica - A próxima revolução no processamento da informação

Introdução

No início do século XXI, as limitações da computação clássica começaram a surgir à medida que nos aventurámos a resolver problemas mais complexos. Entra a computação quântica, uma tecnologia revolucionária que promete reformular a nossa compreensão da própria computação. Ao aproveitar os princípios da mecânica quântica, os computadores quânticos oferecem aumentos de velocidade exponenciais para certas classes de problemas, anunciando uma nova era de processamento de informação.

Este capítulo mergulha no intrincado mundo da computação quântica, explorando os seus princípios fundamentais, os avanços tecnológicos, as potenciais aplicações e as profundas implicações que tem para o futuro.

Noções básicas de mecânica quântica

Para apreciar a computação quântica, é preciso primeiro compreender os fundamentos da mecânica quântica, o ramo da física que descreve o comportamento das partículas a nível atómico e subatómico.

1. Sobreposição

- **Bits clássicos vs. Qubits:** Na computação clássica, os bits são a unidade mais pequena de dados, representando um 0 ou um 1. A computação quântica, no entanto, utiliza bits quânticos ou qubits, que podem existir numa sobreposição de estados. Isto significa que um qubit pode representar simultaneamente 0 e 1, aumentando drasticamente o poder computacional.

- **Representação matemática:** O estado de um qubit pode ser descrito por uma combinação linear dos estados das bases $|0\rangle$ e $|1\rangle$, escrito como $|\psi\rangle = \alpha|0\rangle + \beta|1\rangle$, onde α e β são números complexos que satisfazem $|\alpha|^2 + |\beta|^2 = 1$.

2. Emaranhamento

- **Correlação não-local:** O emaranhamento é um fenómeno em que os estados de dois ou mais qubits se tornam interdependentes, de tal forma que o estado de um qubit influencia instantaneamente o estado do outro, independentemente da distância entre eles. Esta correlação não-local é a pedra angular da computação quântica.

- **A "ação assustadora à distância" de Einstein:** Albert Einstein referiu-se ao emaranhamento como "ação assustadora à distância", reflectindo a natureza desconcertante desta propriedade quântica.

3. Portas e circuitos quânticos

- **Portas Quânticas:** Análogas às portas lógicas clássicas, as portas quânticas manipulam os qubits através de transformações unitárias. As portas comuns incluem as portas Pauli-X, Pauli-Y, Pauli-Z, Hadamard e CNOT.

- **Circuitos Quânticos:** As sequências de portas quânticas aplicadas a um conjunto de qubits formam um circuito quântico, o análogo quântico dos algoritmos clássicos. Estes circuitos utilizam a sobreposição e o emaranhamento para efetuar cálculos complexos.

Construção de computadores quânticos

A passagem dos princípios teóricos aos computadores quânticos práticos implica a superação de desafios de engenharia significativos. Estão a ser estudadas várias abordagens para construir computadores quânticos fiáveis e escaláveis.

1. Circuitos supercondutores

- **Junções Josephson:** Os qubits supercondutores são fabricados utilizando junções Josephson, que consistem em dois supercondutores separados por uma fina camada isolante. Estes qubits são manipulados através de impulsos de micro-ondas.

- **Líderes actuais:** Empresas como a IBM, a Google e a Rigetti Computing estão na vanguarda do desenvolvimento de computadores quânticos supercondutores. O processador Sycamore da Google, por exemplo, atingiu a supremacia quântica ao efetuar um cálculo específico mais rapidamente do que os supercomputadores mais potentes do mundo.

2. Iões aprisionados

- **Armadilhas de iões:** Os computadores quânticos de iões aprisionados utilizam campos electromagnéticos para confinar e manipular iões. Os lasers são utilizados para efetuar operações de porta quântica.

- **Precisão e estabilidade:** Os iões aprisionados oferecem uma elevada fidelidade e longos tempos de coerência, o que os torna candidatos promissores para a computação quântica. Empresas como a IonQ e instituições académicas estão a liderar os esforços nesta área.

3. Qubits topológicos

- **Férmions de Majorana:** Os qubits topológicos utilizam partículas exóticas chamadas férmions de Majorana para codificar informações de uma forma que é inerentemente protegida do ruído ambiental.

- **Robustez:** A natureza topológica destes qubits oferece potencial para uma computação quântica mais robusta e resistente a erros. A Microsoft está a investigar ativamente esta abordagem através da sua iniciativa Station Q.

4. Computação quântica fotónica

- **Qubits baseados em luz:** Os computadores quânticos fotónicos utilizam fotões como qubits. A informação quântica é codificada em propriedades como a polarização ou a fase da luz.

- **Escalabilidade:** Os sistemas fotónicos oferecem vantagens em termos de escalabilidade e integração com a infraestrutura de comunicação de fibra ótica existente. Empresas como a Xanadu e a PsiQuantum são pioneiras neste domínio.

Aplicações e implicações

O potencial da computação quântica estende-se a vários domínios, oferecendo possibilidades transformadoras.

1. Criptografia

- **Algoritmo de Shor:** Os computadores quânticos podem fatorizar grandes números de forma exponencialmente mais rápida do que os computadores clássicos utilizando o algoritmo de Shor, o que representa uma ameaça para os protocolos criptográficos actuais, como o RSA.

- **Criptografia pós-quântica:** Em resposta, os investigadores estão a desenvolver novos algoritmos criptográficos resistentes a ataques quânticos, garantindo a segurança futura dos dados.

2. Descoberta de medicamentos e ciência dos materiais

- **Simulações moleculares:** Os computadores quânticos podem simular interacções moleculares com uma precisão sem precedentes, acelerando a descoberta de novos medicamentos e materiais. Isto poderá revolucionar domínios como a farmacologia e a nanotecnologia.

- **Estudos de caso:** Empresas como a IBM e startups como a Qubit Pharmaceuticals estão a explorar abordagens quânticas para modelar sistemas biológicos complexos e reacções químicas.

3. Problemas de otimização

- **Recozimento Quântico:** Os recozedores quânticos, como os desenvolvidos pela D-Wave Systems, foram concebidos para resolver problemas de otimização de forma mais eficiente do que os algoritmos clássicos.

- **Aplicações:** Indústrias como a logística, as finanças e a indústria transformadora podem beneficiar da otimização quântica, melhorando a atribuição de recursos, a gestão de riscos e os processos de produção.

4. Inteligência Artificial

- **Aprendizagem automática quântica:** A integração da computação quântica com a aprendizagem automática (ML) é promissora para o processamento de vastos conjuntos de dados e para melhorar o desempenho dos algoritmos de ML.

- **Capacidades melhoradas:** A aprendizagem automática melhorada pelo quantum poderá conduzir a avanços no reconhecimento de padrões, análise de dados e modelação preditiva.

5. Modelação climática

- **Sistemas complexos:** Os computadores quânticos podem modelar sistemas climáticos complexos com maior precisão, ajudando os cientistas a compreender e a atenuar os impactos das alterações climáticas.

- **Aplicações ambientais:** Os modelos climáticos melhorados podem informar melhores decisões políticas e estratégias para o desenvolvimento sustentável.

Desafios e direcções futuras

Embora o potencial da computação quântica seja imenso, subsistem desafios significativos.

1. Correção de erros

- **Decoerência quântica:** Os Qubits são altamente susceptíveis ao ruído ambiental, o que conduz a erros de computação. Os códigos de correção de erros quânticos são essenciais para atenuar a decoerência.

- **Técnicas actuais:** Estão a ser desenvolvidas técnicas como os códigos de superfície e os códigos topológicos para melhorar a resistência aos erros.

2. Escalabilidade

- **Construir sistemas de grande escala:** A criação de computadores quânticos com milhares ou milhões de qubits exige a superação de obstáculos tecnológicos e de engenharia substanciais.

- **Investigação e desenvolvimento:** A investigação em curso visa melhorar os tempos de coerência dos qubits, a fidelidade das portas e a conetividade entre qubits.

3. Colaboração interdisciplinar

- **Integração entre domínios:** O avanço da computação quântica exige a colaboração entre a física, a informática, a engenharia e a ciência dos materiais.

- **Esforços globais:** Os governos, as instituições académicas e as empresas privadas de todo o mundo estão a investir na investigação quântica, promovendo um ecossistema de colaboração.

Conclusão

A computação quântica está no limiar da revolução do processamento de informação, oferecendo soluções para problemas considerados intransponíveis por meios clássicos. À medida que continuamos a ultrapassar os limites do que é possível, a integração da computação quântica no nosso panorama tecnológico abrirá novas fronteiras na ciência, na indústria e não só.

O caminho para computadores quânticos práticos e de grande escala está repleto de desafios, mas as potenciais recompensas tornam-no num dos campos mais excitantes e promissores da ciência moderna. Ao compreender e tirar partido dos princípios da mecânica quântica, estamos preparados para entrar numa nova era de poder computacional e inovação, remodelando o nosso futuro de forma profunda.

Capítulo 2: Aproveitamento da energia de fusão - A procura de energia ilimitada

Introdução

Durante décadas, cientistas e engenheiros sonharam com a possibilidade de aproveitar o poder das estrelas aqui mesmo na Terra. A energia de fusão, o processo que alimenta o Sol, promete uma energia limpa e praticamente ilimitada. Ao contrário da energia nuclear tradicional, que se baseia na fissão, a fusão funde núcleos atómicos para libertar energia, oferecendo uma fonte de energia potencialmente mais segura e sustentável. Este capítulo explora a ciência subjacente à fusão nuclear, os marcos tecnológicos alcançados e as perspectivas futuras de tornar a energia de fusão comercialmente viável.

A ciência da fusão

Para compreender a energia de fusão, é crucial compreender os princípios fundamentais da fusão nuclear.

1. Fundamentos da fusão nuclear

- **Reacções de fusão:** Na fusão, dois núcleos atómicos leves combinam-se para formar um núcleo mais pesado, libertando energia no processo. A reação mais promissora para a fusão terrestre é entre dois isótopos de hidrogénio: o deutério (D) e o trítio (T), que se combinam para formar hélio e um neutrão, libertando 17,6 MeV de energia.

- **Condições para a fusão:** A fusão requer temperaturas extremamente elevadas (milhões de graus Celsius) para ultrapassar a repulsão eletrostática entre núcleos com carga positiva. Tais condições existem naturalmente nos núcleos das estrelas.

2. Estado do plasma

- **Quarto estado da matéria:** Às temperaturas necessárias, o combustível transforma-se em plasma, um estado ionizado da matéria constituído por electrões livres e núcleos.

- **Confinamento do plasma:** Conter este plasma quente é um desafio significativo. Técnicas como o confinamento magnético e o confinamento inercial são utilizadas para obter as condições necessárias para uma fusão sustentada.

3. Fator de ganho de energia (Q)

- **Ponto de equilíbrio:** Para que um reator de fusão seja viável, deve atingir uma condição em que a energia produzida pelas reacções de fusão exceda a energia necessária para sustentar o plasma. Isto é quantificado pelo fator de ganho de energia, Q. Um Q de 1 significa ponto de equilíbrio, enquanto que um reator prático visa um Q > 10.

Marcos tecnológicos

Foram feitos progressos significativos na investigação sobre a fusão, com vários dispositivos e projectos experimentais que preparam o caminho para a obtenção de energia de fusão prática.

1. Fusão por confinamento magnético

- **Tokamaks:** O tokamak é o dispositivo de confinamento magnético mais investigado. Utiliza uma combinação de campos magnéticos toroidais (em forma de rosca) e poloidais (verticais) para confinar o plasma. Exemplos notáveis incluem o Joint European Torus (JET) e o futuro projeto ITER.

- **Estelarizadores:** Outra abordagem é o stellarator, que utiliza campos magnéticos torcidos para confinar o plasma sem necessitar de uma grande corrente dentro do próprio plasma. O Wendelstein 7-X na Alemanha é um estelar proeminente.

2. Fusão por confinamento inercial

- **Fusão a laser:** Na fusão por confinamento inercial (ICF), são utilizados feixes de laser intensos ou feixes de iões para comprimir uma pequena pastilha de combustível de fusão, de modo a obter as condições necessárias para a fusão. A National Ignition Facility (NIF), nos Estados Unidos, é um dos principais centros de investigação da ICF.

- **Ignição rápida:** Uma variação da ICF, a ignição rápida envolve a utilização de um processo em duas fases em que o combustível é primeiro comprimido e depois inflamado por um impulso laser separado de alta energia.

3. Abordagens híbridas

- **Fusão de Alvos Magnetizados:** Combinando aspectos do confinamento magnético e inercial, a fusão de alvos magnetizados (MTF) comprime um plasma magnetizado utilizando um revestimento mecânico ou uma concha implodida. Projectos como o General Fusion no Canadá estão a explorar esta abordagem.

Perspectivas futuras

Apesar dos progressos registados, a obtenção de energia de fusão na prática continua a ser um desafio formidável. No entanto, os recentes avanços permitem vislumbrar um futuro prometedor.

1. O ITER e mais além

- **ITER:** O Reator Termonuclear Experimental Internacional (ITER) é a maior experiência de fusão atualmente em construção. Situado em França, o ITER tem por objetivo demonstrar a viabilidade da fusão como fonte de energia em grande escala e sem emissões de carbono. Foi projetado para atingir um Q de pelo menos 10.

- **DEMO:** No seguimento do ITER, a central eléctrica de demonstração (DEMO) tem como objetivo aproveitar as realizações do ITER para criar um protótipo de central eléctrica de fusão capaz de funcionar em contínuo e produzir eletricidade.

2. Inovações do sector privado

- **Empreendimentos comerciais:** Várias empresas privadas estão a entrar na corrida da fusão, trazendo abordagens inovadoras e investimentos significativos. Empresas como a TAE Technologies, a Commonwealth Fusion Systems e a Helion Energy estão a desenvolver reactores de fusão compactos e económicos.

- **Descobertas:** Os avanços na ciência dos materiais, nos ímanes supercondutores e nas tecnologias de controlo de plasma estão a acelerar o desenvolvimento de reactores de fusão práticos.

3. Impacto ambiental e económico

- **Energia sustentável:** A energia de fusão promete uma fonte de energia virtualmente ilimitada e amiga do ambiente. O combustível de fusão é abundante e amplamente distribuído, sendo o deutério extraído da água do mar e o trítio produzido a partir do lítio.

- **Panorama energético global:** A implantação bem sucedida da energia de fusão poderá revolucionar o panorama energético global, reduzindo a dependência dos combustíveis fósseis e atenuando os impactos das alterações climáticas.

Desafios e soluções potenciais

Embora a promessa da fusão seja convincente, é necessário enfrentar vários desafios técnicos e económicos.

1. Instabilidades do plasma

- **Problemas de confinamento:** A manutenção de um confinamento estável do plasma é difícil devido às instabilidades que podem causar a perda de energia do plasma. São essenciais técnicas avançadas de controlo do plasma e uma melhor compreensão do comportamento do plasma.

- **Modos Localizados na Borda (ELMs):** São instabilidades que ocorrem na borda do plasma, causando explosões periódicas de energia que podem danificar os componentes do reator. Os investigadores estão a desenvolver métodos para atenuar os ELM através da modelação do campo magnético e da injeção de pastilhas.

2. Durabilidade do material

- **Danos provocados por neutrões:** As reacções de fusão produzem neutrões de alta energia que podem danificar os materiais dos reactores, provocando a sua fragilidade e reduzindo o seu tempo de vida. O desenvolvimento de materiais resistentes aos neutrões é crucial para a longevidade do reator.

- **Primeira parede e desviador:** A primeira parede (componentes virados para o plasma) e o desviador (que extrai o calor residual e as partículas) têm de suportar condições extremas. Estão a ser explorados materiais inovadores como o tungsténio e sistemas de arrefecimento avançados.

3. Criação e manuseamento de trítio

- **Ciclo do combustível:** O trítio, um dos combustíveis de fusão, é radioativo e deve ser produzido no reator a partir do lítio. A reprodução eficiente do trítio e o seu manuseamento seguro são essenciais para um ciclo de combustível de fusão sustentável.

- **Mantas de reprodução:** São utilizadas para envolver o plasma e produzir trítio a partir do lítio, extraindo simultaneamente calor para a produção de eletricidade.

4. Custo e comercialização

- **Custos iniciais elevados:** A construção e o funcionamento dos reactores de fusão são dispendiosos. A redução dos custos através da inovação tecnológica e das economias de escala é essencial para a comercialização.

- **Financiamento público e privado:** É necessário um investimento sustentado dos sectores público e privado para ultrapassar os obstáculos financeiros e acelerar o desenvolvimento.

Conclusão

O aproveitamento da energia de fusão é um dos projectos científicos e de engenharia mais ambiciosos da humanidade. A viagem está repleta de desafios, mas as potenciais recompensas são inigualáveis: uma fonte de energia quase ilimitada, limpa e segura que poderá alimentar a nossa civilização durante milénios.

À medida que a investigação e o desenvolvimento prosseguem, o sonho da energia de fusão aproxima-se da realidade. Com esforços de colaboração internacional, avanços tecnológicos inovadores e uma determinação inabalável, poderemos em breve desbloquear o poder das estrelas, transformando o nosso futuro energético e criando um legado sustentável para as gerações vindouras.

Capítulo 3: Inteligência Artificial e Aprendizagem Automática - A Física e a Cognição

Introdução

A Inteligência Artificial (IA) e a Aprendizagem Automática (AM) tornaram-se parte integrante da revolução tecnológica, transformando as indústrias e a vida quotidiana. Estas tecnologias permitem às máquinas aprender a partir de dados, reconhecer padrões e tomar decisões, ultrapassando frequentemente as capacidades humanas em tarefas específicas. A convergência da IA e do ML com a física está a impulsionar avanços na computação, modelação e resolução de problemas, conduzindo a inovações revolucionárias. Este capítulo explora a intersecção entre a IA e a física, os princípios subjacentes, a investigação de ponta e o impacto transformador destas tecnologias.

A Física da IA

Compreender os princípios físicos subjacentes à IA implica explorar os modelos computacionais e o hardware que suporta esses modelos.

1. Redes neurais

- **Inspiração biológica:** As redes neuronais são modelos computacionais inspirados na arquitetura do cérebro humano. São constituídas por nós interligados (neurónios) que processam a informação em camadas.

- **Fundamento matemático:** Cada neurónio realiza uma soma ponderada das suas entradas e aplica uma função de ativação. O processo de aprendizagem ajusta esses pesos para minimizar os erros nas previsões.

2. Aprendizagem profunda

- **Redes Neuronais Profundas (DNNs):** As DNNs, com várias camadas ocultas, podem modelar dados complexos e de alta dimensão. Têm sido fundamentais para os avanços no reconhecimento de imagem e fala, processamento de linguagem natural e muito mais.

- **Redes Neuronais Convolucionais (CNNs):** As CNNs são especializadas no processamento de dados em forma de grelha, como imagens, utilizando camadas convolucionais para captar hierarquias espaciais.

3. Aprendizagem mecânica quântica

- **Algoritmos quânticos:** A aprendizagem automática quântica tira partido da computação quântica para melhorar os algoritmos clássicos de aprendizagem automática. Os algoritmos quânticos podem potencialmente oferecer aumentos de velocidade exponenciais para determinadas tarefas.

- **Codificação de dados quânticos:** Técnicas como a codificação de amplitude e os mapas de características quânticas permitem que os dados clássicos sejam representados em estados quânticos, possibilitando um processamento de dados mais eficiente.

Inovações em IA

A investigação em IA está em constante evolução, com avanços significativos em vários domínios.

1. Aprendizagem por reforço

- **Aprendizagem através da interação:** A aprendizagem por reforço (RL) envolve um agente que aprende a tomar decisões através da interação com um ambiente para maximizar a recompensa cumulativa.

- **Aplicações:** A RL tem sido aplicada com sucesso em robótica, jogos, condução autónoma e negociação financeira.

2. Modelos generativos

- **Geração de dados:** Os modelos generativos, como as Redes Adversárias Generativas (GAN) e os Autoencodificadores Variacionais (VAE), aprendem a gerar novas amostras de dados semelhantes aos dados de treino.

- **Aplicações criativas:** Estes modelos são utilizados na síntese de imagens, na composição de música e na descoberta de medicamentos, entre outros domínios.

3. Processamento de linguagem natural

- **Compreensão e geração de texto:** A PNL envolve a interação entre os computadores e a linguagem humana. Técnicas como os modelos de transformação (por exemplo, GPT-3) revolucionaram a PNL, permitindo a geração de textos coerentes e contextualmente relevantes.

- **Aplicações:** A PNL é utilizada em chatbots, tradução de línguas, análise de sentimentos e muito mais.

4. IA de borda

- **IA no limite:** a IA no limite refere-se à implementação de algoritmos de IA em dispositivos locais em vez de servidores centralizados, reduzindo a latência e melhorando a privacidade. É fundamental para aplicações em tempo real em IoT e sistemas autónomos.

Impacto social

A integração da IA e do ML em vários sectores tem implicações profundas.

1. Cuidados de saúde

- **Diagnóstico médico:** Os sistemas de IA podem analisar imagens médicas e dados de pacientes para ajudar no diagnóstico de doenças, prever os resultados dos pacientes e personalizar os planos de tratamento.

- **Descoberta de medicamentos:** Os modelos ML aceleram a identificação de potenciais candidatos a medicamentos através da previsão de propriedades moleculares e da simulação de interacções biológicas.

2. Finanças

- **Negociação algorítmica:** Os algoritmos de IA analisam os dados do mercado e executam transacções a alta velocidade, optimizando as estratégias de investimento.

- **Deteção de fraudes:** As técnicas de ML ajudam a detetar transacções e actividades fraudulentas, identificando padrões invulgares nos dados financeiros.

3. Transporte

- **Veículos autónomos:** Os veículos autónomos utilizam a IA para perceber o seu ambiente, tomar decisões e navegar em segurança.

- **Gestão do tráfego:** Os sistemas orientados para a IA optimizam o fluxo de tráfego, reduzem o congestionamento e melhoram a eficiência dos transportes públicos.

4. Educação

- **Aprendizagem personalizada:** As ferramentas educativas baseadas em IA adaptam-se aos estilos e ritmos de aprendizagem individuais, fornecendo conteúdos e feedback personalizados.

- **Eficiência administrativa:** A IA simplifica as tarefas administrativas, como a classificação e a calendarização, permitindo que os educadores se concentrem mais no ensino.

Desafios e considerações éticas

Embora a IA e o ML ofereçam inúmeros benefícios, também colocam desafios e dilemas éticos.

1. Privacidade dos dados

- **Informações sensíveis:** Os sistemas de IA requerem frequentemente grandes quantidades de dados, o que suscita preocupações sobre a privacidade e a segurança das informações pessoais.

- **Regulamentos:** O cumprimento dos regulamentos de proteção de dados, como o RGPD, é crucial para garantir a privacidade e a confiança dos utilizadores.

2. Preconceito e equidade

- **Preconceito algorítmico:** os sistemas de IA podem perpetuar e amplificar os preconceitos presentes nos dados de treino, conduzindo a resultados injustos ou discriminatórios.

- **Estratégias de atenuação:** É essencial desenvolver técnicas para detetar e atenuar os enviesamentos, tais como conjuntos de dados de formação diversificados e algoritmos sensíveis à equidade.

3. Deslocação do emprego

- **Automatização:** A automatização de tarefas através da IA pode levar à deslocação de postos de trabalho em determinados sectores, exigindo a reconversão e adaptação da mão de obra.

- **Impacto económico:** Compreender e abordar as implicações económicas mais amplas da automatização baseada na IA é crucial para uma transição equilibrada.

4. Desenvolvimento ético da IA

- **Transparência e responsabilidade:** Garantir que os sistemas de IA são transparentes e responsáveis nos seus processos de tomada de decisão é vital para a confiança e aceitação.

- **Directrizes éticas:** O desenvolvimento e a adesão a directrizes e quadros éticos, como os propostos por organizações como a AI Ethics Guidelines Global Initiative, ajudam a orientar o desenvolvimento e a implementação responsáveis da IA.

Direcções futuras

O futuro da IA e do ML está repleto de possibilidades e desafios interessantes.

1. Arquitecturas avançadas de IA

- **Computação neuromórfica:** Inspirada no cérebro humano, a computação neuromórfica tem como objetivo desenvolver hardware eficiente em termos energéticos que imite os processos neurais, conduzindo potencialmente a sistemas de IA mais potentes e eficientes.

- **Redes Neuronais Spiking:** Estas redes utilizam sinais dependentes do tempo para o processamento de informação, oferecendo um modelo de computação mais plausível do ponto de vista biológico.

2. Sinergia entre a IA e a computação quântica

- **Modelos híbridos quânticos-clássicos:** A integração da computação quântica com os modelos clássicos de IA poderá desbloquear novos níveis de potência e eficiência computacionais.

- **Otimização melhorada:** A computação quântica pode revolucionar os problemas de otimização, que são centrais para muitas aplicações de IA, levando a avanços na logística, finanças e muito mais.

3. IA geral

- **Inteligência Artificial Geral (AGI):** A busca da AGI, em que as máquinas têm a capacidade de compreender, aprender e aplicar conhecimentos numa vasta gama de tarefas, continua a ser um objetivo a longo prazo. A realização da AGI constituiria um marco significativo no desenvolvimento da IA.

- **Considerações éticas e de segurança:** É fundamental garantir que a AGI seja desenvolvida de forma segura e ética, dado o seu potencial impacto na sociedade e na humanidade.

4. IA colaborativa

- **Colaboração homem-IA:** Os futuros sistemas de IA irão colaborar cada vez mais com os seres humanos, aumentando as capacidades humanas e permitindo uma resolução de problemas e uma criatividade mais eficazes.

- **IA explicável:** O desenvolvimento de sistemas de IA capazes de explicar o seu raciocínio e as suas decisões aumentará a transparência e promoverá a confiança nas aplicações de IA.

Conclusão

A Inteligência Artificial e a Aprendizagem Automática estão na vanguarda de uma revolução tecnológica, combinando os princípios da física e da cognição para criar ferramentas poderosas que transformam as indústrias e a vida quotidiana. À medida que continuamos a alargar os limites do que a IA pode alcançar, é essencial enfrentar os desafios e as considerações éticas com ponderação. O futuro da IA tem um potencial imenso para melhorar a vida humana, impulsionar a inovação e abordar algumas das questões mais prementes do nosso tempo, desde que orientemos o seu desenvolvimento de forma responsável e inclusiva.

Capítulo 4: Exploração espacial - Física na última fronteira

Introdução

A exploração espacial é um dos empreendimentos mais inspiradores e desafiantes empreendidos pela humanidade. O desejo de explorar o cosmos conduziu a avanços notáveis na ciência e na tecnologia, alargando as fronteiras do possível. Este capítulo aborda a física subjacente à exploração espacial, as realizações tecnológicas e as perspectivas futuras da procura da humanidade para explorar e compreender o universo.

A física das viagens espaciais

As viagens espaciais baseiam-se em princípios fundamentais da física, desde as leis do movimento de Newton até às teorias da relatividade.

1. Leis do movimento de Newton

- **Primeira Lei (Inércia):** Um objeto em movimento mantém-se em movimento, a não ser que seja sujeito à ação de uma força externa. Este princípio é crucial para compreender como as naves espaciais se movem no vácuo do espaço.

- **Segunda Lei (F=ma):** A força exercida sobre um objeto é igual à sua massa vezes a sua aceleração. Esta lei está na base da conceção dos foguetões, em que o impulso (força) é utilizado para impulsionar a nave espacial.

- **Terceira Lei (Ação-Reação):** Para cada ação, há uma reação igual e oposta. A propulsão dos foguetões baseia-se neste princípio, uma vez que a expulsão de gás a alta velocidade gera um impulso na direção oposta.

2. Propulsão de foguetões

- **Foguetões químicos:** Os foguetões tradicionais utilizam reacções químicas para produzir impulso. A combustão do propulsor gera gases de escape a alta velocidade, impulsionando o foguetão para a frente. Os principais exemplos incluem o Saturn V e o Space Shuttle.

- **Propulsão de iões:** Os propulsores de iões utilizam campos eléctricos para acelerar iões, proporcionando uma propulsão eficiente mas de baixo impulso. São adequados para missões de longa duração em que a eficiência do combustível é crucial, como a missão Deep Space 1.

3. Mecânica orbital

- **Leis de Kepler do movimento planetário:** Estas leis descrevem o movimento dos planetas em torno do Sol, que também se aplicam a naves espaciais em órbita. Compreender as órbitas elípticas, periapsis e apoapsis é essencial para o planeamento da missão.

- **Órbitas de transferência Hohmann:** Esta manobra consiste em transferir uma nave espacial entre duas órbitas utilizando a menor quantidade de propulsor possível, sendo frequentemente utilizada em missões a outros planetas.

4. Relatividade geral e especial

- **Dilatação do tempo:** De acordo com a teoria da relatividade de Einstein, o tempo dilata-se ou abranda para objectos que se movem a alta velocidade. Este efeito deve ser considerado para viagens espaciais de alta velocidade e sincronização de satélites GPS.

- **Lente gravitacional:** A gravidade pode curvar o caminho da luz, permitindo aos astrónomos observar objectos distantes ampliados e distorcidos. Este fenómeno é utilizado para estudar a matéria negra e as galáxias distantes.

Marcos tecnológicos

A viagem da humanidade ao espaço tem sido marcada por marcos significativos, cada um deles representando um salto na nossa compreensão e capacidades.

1. Início da exploração espacial

- **Sputnik 1:** O lançamento do primeiro satélite artificial pela União Soviética em 1957 marcou o início da era espacial.

- **Vostok 1:** Em 1961, Yuri Gagarin tornou-se o primeiro ser humano a viajar para o espaço, orbitando a Terra a bordo da nave espacial soviética Vostok 1.

2. Desembarques na Lua

- **Programa Apollo:** As missões Apollo da NASA culminaram com a histórica aterragem lunar da Apollo 11 em 1969, onde Neil Armstrong e Buzz Aldrin se tornaram os primeiros humanos a pisar a Lua.

3. Exploração de Marte

- **Rovers e Orbitadores:** Missões como os rovers Spirit, Opportunity, Curiosity e Perseverance forneceram dados valiosos sobre a superfície marciana, o clima e o potencial de vida.

- **Devolução de amostras de Marte:** As futuras missões têm como objetivo trazer amostras de Marte de volta à Terra para análise detalhada, aprofundando a nossa compreensão da geologia do planeta e do potencial de vida passada.

4. Missões no espaço profundo

- **Programa Voyager:** As duas naves espaciais Voyager, lançadas em 1977, exploraram os planetas exteriores e continuam a enviar dados dos confins do sistema solar.

- **New Horizons:** Esta missão forneceu as primeiras imagens em grande plano de Plutão e continua a explorar a Cintura de Kuiper.

5. Telescópios espaciais

- **Telescópio Espacial Hubble:** Lançado em 1990, o Hubble revolucionou a nossa compreensão do universo, captando imagens impressionantes e fornecendo dados sobre galáxias, estrelas e exoplanetas.

- **Telescópio espacial James Webb:** Com lançamento previsto para a década de 2020, este telescópio tem como objetivo observar as primeiras galáxias do universo e estudar as atmosferas dos exoplanetas.

Perspectivas futuras

O futuro da exploração espacial oferece possibilidades interessantes, desde missões tripuladas a Marte até à procura de vida extraterrestre.

1. Missões humanas a Marte

- **Desafios:** As missões tripuladas a Marte enfrentam numerosos desafios, incluindo o suporte de vida, a proteção contra as radiações e os efeitos psicológicos das viagens espaciais de longa duração.

- **Planos actuais:** A NASA, a SpaceX e outras agências e empresas espaciais estão a desenvolver planos para missões tripuladas a Marte, com objectivos definidos para a década de 2030.

2. Colónias lunares

- **Programa Artemis:** O programa Artemis da NASA visa o regresso de seres humanos à Lua em meados da década de 2020, com o objetivo de estabelecer uma presença sustentável e preparar missões a Marte.

- **Colaboração internacional:** A colaboração entre países e entidades privadas é fundamental para a construção de infra-estruturas e habitats lunares.

3. Exploração de asteróides

- **Extração de recursos:** Os asteróides contêm metais e minerais valiosos. A sua extração poderia fornecer recursos para missões espaciais e apoiar o desenvolvimento económico na Terra.

- **Desenvolvimento tecnológico:** Empresas como a Planetary Resources e a Deep Space Industries estão a explorar a viabilidade da extração de asteróides.

4. Procura de vida extraterrestre

- **Exploração de exoplanetas:** Missões como o Kepler e o TESS identificaram milhares de exoplanetas, alguns potencialmente habitáveis. As missões futuras têm como objetivo caraterizar as atmosferas destes planetas e procurar bioassinaturas.

- **SETI:** A Procura de Inteligência Extraterrestre (SETI) utiliza radiotelescópios para procurar sinais de civilizações avançadas. Novas tecnologias e esforços internacionais estão a expandir a pesquisa.

5. Turismo espacial

- **Voos espaciais comerciais:** Empresas como a SpaceX, a Blue Origin e a Virgin Galactic estão a desenvolver capacidades de voos espaciais comerciais, tornando o espaço acessível a cidadãos privados.

- **Regulamentação e segurança:** Garantir a segurança e a sustentabilidade do turismo espacial é crucial, exigindo cooperação e regulamentação internacionais.

Desafios e soluções

A exploração espacial enfrenta inúmeros desafios, desde obstáculos técnicos a preocupações ambientais.

1. Proteção contra as radiações

- **Radiação espacial:** A exposição aos raios cósmicos e à radiação solar apresenta riscos significativos para os astronautas. É essencial desenvolver escudos e medidas de proteção eficazes.
- **Investigação:** A investigação em curso tem como objetivo compreender os efeitos biológicos da radiação espacial e desenvolver contramedidas.

2. Detritos espaciais

- **Lixo Orbital:** A acumulação de detritos na órbita da Terra apresenta riscos de colisão para as naves espaciais. As soluções incluem a remoção ativa dos detritos e a melhoria da conceção dos satélites.
- **Colaboração internacional:** A resolução do problema dos detritos espaciais exige uma cooperação global e a adesão a directrizes para operações espaciais sustentáveis.

3. Exploração sustentável do espaço

- **Utilização de recursos:** A utilização de recursos in-situ, como o gelo de água lunar, pode reduzir a necessidade de transportar materiais da Terra, tornando as missões mais sustentáveis.
- **Impacto ambiental:** A minimização do impacto ambiental das missões espaciais, tanto na Terra como no espaço, é fundamental para a sustentabilidade a longo prazo.

Conclusão

A exploração espacial representa o auge do engenho e da ambição humanos. A intersecção da física e da tecnologia permitiu-nos aventurarmo-nos para além do nosso planeta natal, desvendando os mistérios do cosmos. Ao olharmos para o futuro, os avanços contínuos na tecnologia espacial, a colaboração internacional e um compromisso com a sustentabilidade conduzirão a nossa viagem até à última fronteira. A busca do conhecimento e da exploração conduzirá, sem dúvida, a descobertas que transformarão a nossa compreensão do universo e do nosso lugar nele.

Capítulo 5: Tecnologias de energias renováveis - Alimentar um futuro sustentável

Introdução

À medida que o mundo se debate com as alterações climáticas e o esgotamento dos combustíveis fósseis, a transição para as fontes de energia renováveis tornou-se imperativa. As tecnologias de energias renováveis aproveitam os processos naturais para gerar eletricidade e calor, oferecendo alternativas sustentáveis e amigas do ambiente às fontes de energia convencionais. Este capítulo explora os princípios, as inovações e as perspectivas futuras das tecnologias de energias renováveis, destacando o seu papel fundamental na construção de um futuro sustentável.

A física das energias renováveis

As tecnologias de energias renováveis baseiam-se em princípios físicos fundamentais que permitem a conversão da energia natural em formas utilizáveis.

1. Energia solar

- **Efeito fotovoltaico:** As células solares convertem a luz solar diretamente em eletricidade através do efeito fotovoltaico. Quando os fotões atingem um material semicondutor, excitam os electrões, criando uma corrente eléctrica.

- **Energia Solar Concentrada (CSP):** Os sistemas CSP utilizam espelhos ou lentes para concentrar a luz solar numa pequena área, gerando calor que acciona uma turbina a vapor para produzir eletricidade.

2. Energia eólica

- **Conversão de energia cinética:** As turbinas eólicas convertem a energia cinética do ar em movimento em energia mecânica, que é depois convertida em eletricidade por um gerador.

- **Lei de Betz:** Este princípio estabelece que nenhuma turbina eólica pode captar mais de 59,3% da energia cinética do vento, orientando a conceção e a eficiência das turbinas eólicas.

3. Energia hidroelétrica

- **Energia potencial gravitacional:** As centrais hidroeléctricas convertem a energia potencial gravitacional da água armazenada em reservatórios ou que corre nos rios em energia mecânica, que é depois convertida em eletricidade.

- **Eficiência da turbina:** A eficiência das turbinas hidroeléctricas depende da sua conceção e das características do fluxo de água.

4. Energia da biomassa

- **Combustão e gaseificação:** A energia da biomassa é derivada de materiais orgânicos. Os processos de combustão e gaseificação convertem a biomassa em calor, eletricidade ou biocombustíveis.

- **Fotossíntese:** A energia armazenada na biomassa tem origem na fotossíntese, onde as plantas convertem a luz solar em energia química.

5. Energia geotérmica

- **Energia térmica da Terra:** As centrais geotérmicas aproveitam o calor do interior da Terra para gerar eletricidade. Este calor pode ser acedido através de reservatórios de água quente ou de vapor.

- **Troca de calor:** Os sistemas geotérmicos utilizam permutadores de calor para transferir energia térmica do solo para um fluido de trabalho, accionando turbinas ou aquecendo edifícios.

Inovações tecnológicas

Os recentes avanços nas tecnologias de energias renováveis melhoraram significativamente a sua eficiência, acessibilidade e integração nos sistemas energéticos existentes.

1. Energia solar

- **Células solares de perovskite:** Estes materiais oferecem uma elevada eficiência e baixos custos de produção, prometendo revolucionar a indústria solar. A investigação centra-se no reforço da sua estabilidade e escalabilidade.

- **Painéis Bifaciais:** Os painéis solares bifaciais podem captar a luz solar em ambos os lados, aumentando o rendimento energético. São particularmente eficazes em ambientes com elevado albedo, como as zonas cobertas de neve.

2. Energia eólica

- **Parques eólicos offshore:** Os parques eólicos offshore tiram partido de ventos mais fortes e mais consistentes sobre o oceano, proporcionando uma maior produção de energia. As inovações incluem turbinas eólicas flutuantes que podem ser instaladas em águas profundas.

- **Projectos avançados de turbinas:** As novas concepções de turbinas, como as turbinas eólicas de eixo vertical e as turbinas sem pás, têm como objetivo melhorar a eficiência e reduzir o impacto ambiental.

3. Energia hidroelétrica

- **Pequenas e micro-hídricas:** Estes sistemas podem fornecer energia renovável a zonas remotas e rurais. As inovações incluem turbinas de baixa altura e geradores a montante que minimizam a perturbação ambiental.

- **Energia hidroelétrica de armazenamento por bombagem:** Esta tecnologia armazena o excesso de eletricidade bombeando água para um reservatório de maior altitude, que pode ser libertado para gerar energia quando necessário, proporcionando estabilidade à rede.

4. Energia da biomassa

- **Biocombustíveis avançados:** Os biocombustíveis de segunda e terceira geração, derivados de culturas não alimentares e de algas, oferecem alternativas sustentáveis aos combustíveis fósseis com menor impacto ambiental.

- **Produção de biogás:** A digestão anaeróbia de resíduos orgânicos produz biogás, que pode ser utilizado para a produção de eletricidade, aquecimento e como combustível para veículos.

5. Energia geotérmica

- **Sistemas geotérmicos melhorados (EGS):** A tecnologia EGS melhora os reservatórios geotérmicos através da fracturação da rocha e da injeção de água, aumentando a disponibilidade dos recursos geotérmicos.

- **Bombas de calor geotérmicas:** Estes sistemas utilizam as temperaturas estáveis da superfície da Terra para fornecer aquecimento e arrefecimento aos edifícios, melhorando a eficiência energética.

Integração e gestão da rede

A integração das energias renováveis nas redes de energia existentes exige técnicas de gestão avançadas para garantir a fiabilidade e a estabilidade.

1. Redes inteligentes

- **Gestão dinâmica:** As redes inteligentes utilizam tecnologia digital para monitorizar e gerir o fluxo de eletricidade em tempo real, tendo em conta a natureza variável das fontes de energia renováveis.

- **Resposta à procura:** As redes inteligentes permitem programas de resposta à procura, em que os consumidores ajustam a sua utilização de energia em resposta às condições de fornecimento, melhorando a estabilidade da rede.

2. Armazenamento de energia

- **Armazenamento de baterias:** As baterias avançadas, como as de iões de lítio e de estado sólido, armazenam o excesso de energia renovável para utilização durante os períodos de baixa produção. As soluções de armazenamento à escala da rede são fundamentais para equilibrar a oferta e a procura.

- **Armazenamento de hidrogénio:** A eletrólise da água utilizando energias renováveis produz hidrogénio, que pode ser armazenado e utilizado para a produção de eletricidade ou como combustível limpo.

3. Recursos energéticos distribuídos (DERs)

- **Micro-redes:** Estas redes localizadas podem funcionar de forma independente ou em conjunto com a rede principal, aumentando a resiliência e integrando várias fontes renováveis.

- **Comércio de energia peer-to-peer:** A tecnologia Blockchain permite o comércio de energia peer-to-peer, permitindo aos consumidores comprar e vender energia renovável diretamente, promovendo sistemas de energia descentralizados.

Impacto ambiental e económico

A transição para as energias renováveis tem implicações ambientais e económicas significativas.

1. Benefícios ambientais

- **Emissões reduzidas:** As fontes de energia renováveis produzem poucos ou nenhuns gases com efeito de estufa ou poluentes, reduzindo significativamente o impacto ambiental da produção de energia.

- **Conservação de recursos:** A utilização de recursos renováveis, que são naturalmente reabastecidos, ajuda a conservar as reservas finitas de combustíveis fósseis e reduz a destruição de habitats associada à extração mineira e à perfuração.

2. Vantagens económicas

- **Criação de emprego:** O sector das energias renováveis cria empregos no fabrico, instalação, manutenção e investigação, contribuindo para o crescimento económico.

- **Independência energética:** O aumento da quota de energias renováveis reduz a dependência de combustíveis importados, reforçando a segurança energética nacional e a estabilidade económica.

3. Desafios e soluções

- **Intermitência:** A natureza variável de algumas fontes renováveis, como a solar e a eólica, coloca desafios ao fornecimento consistente de energia. As soluções incluem o armazenamento de energia, a interconectividade da rede e os sistemas híbridos.

- **Custos iniciais:** O investimento inicial para instalações de energias renováveis pode ser elevado. Os incentivos financeiros, os subsídios e os avanços tecnológicos estão a fazer baixar os custos e a tornar as energias renováveis mais competitivas.

Direcções futuras

O futuro das energias renováveis é promissor, com investigação e desenvolvimento contínuos destinados a ultrapassar as actuais limitações e a expandir as aplicações.

1. Materiais avançados

- **Nanotecnologia:** Os nanomateriais e as nanoestruturas estão a ser desenvolvidos para melhorar a eficiência e o desempenho das células solares, das baterias e de outras tecnologias renováveis.

- **Materiais compósitos:** Os materiais compósitos leves e duradouros aumentam a eficiência e a longevidade das pás das turbinas eólicas e de outros componentes de energias renováveis.

2. Política e regulamentação

- **Políticas de apoio:** Os governos de todo o mundo estão a implementar políticas e regulamentos para promover a adoção de energias renováveis, incluindo normas de portfólio de energias renováveis, tarifas de alimentação e preços do carbono.

- **Cooperação internacional:** A cooperação e os acordos mundiais, como o Acordo de Paris, são cruciais para coordenar os esforços de combate às alterações climáticas e de transição para as energias renováveis.

3. Investigação e inovação

- **Investigação interdisciplinar:** A colaboração entre físicos, engenheiros, cientistas ambientais e decisores políticos está a impulsionar inovações nas tecnologias de energias renováveis.

- **Parcerias Público-Privadas:** As parcerias entre governos, instituições de investigação e empresas privadas são essenciais para financiar e fazer avançar projectos de energias renováveis.

Conclusão

As tecnologias de energias renováveis estão na vanguarda da transição para um futuro energético sustentável e resiliente. Baseadas nos princípios da física, estas tecnologias oferecem soluções para os desafios prementes das alterações climáticas, do esgotamento dos recursos e da degradação ambiental. À medida que continuamos a inovar e a investir nas energias renováveis, aproximamo-nos de um mundo onde a energia limpa, abundante e sustentável alimenta as nossas sociedades, garantindo um planeta mais saudável para as gerações futuras.

Capítulo 6: Nanotecnologia - Engenharia a nível molecular

Introdução

A nanotecnologia, a manipulação da matéria à escala atómica e molecular, revolucionou vários domínios, desde a medicina à eletrónica. Ao operar em dimensões tipicamente inferiores a 100 nanómetros, a nanotecnologia tira partido das propriedades físicas, químicas e biológicas únicas que surgem a esta escala. Este capítulo analisa os princípios da nanotecnologia, as suas aplicações e o profundo impacto que está a ter em várias indústrias.

A física das nanotecnologias

A compreensão do comportamento dos materiais à escala nanométrica envolve a mecânica quântica e o estudo de fenómenos únicos que não ocorrem a escalas maiores.

1. Efeitos quânticos

- **Confinamento quântico:** Quando os materiais são reduzidos à nanoescala, os electrões são confinados de tal forma que os seus níveis de energia se tornam quantizados, conduzindo a estados de energia discretos. Isto altera as propriedades eléctricas, ópticas e magnéticas do material.

- **Tunelamento:** À nanoescala, as partículas podem passar através de barreiras energéticas, um fenómeno conhecido como tunelamento quântico. Este fenómeno é fundamental para o funcionamento de dispositivos electrónicos à nanoescala.

2. Rácio entre a área de superfície e o volume

- **Aumento da reatividade:** Os nanomateriais têm uma elevada relação área superficial/volume, o que aumenta a sua reatividade química e propriedades catalíticas.

- **Propriedades melhoradas:** A grande área de superfície também melhora as propriedades mecânicas, como a resistência e a flexibilidade, tornando os nanomateriais adequados para várias aplicações.

3. Auto-montagem

- **Auto-montagem molecular:** A nanotecnologia baseia-se frequentemente na organização espontânea de moléculas em arranjos estruturados através de forças intermoleculares, como a ligação de hidrogénio, as forças de van der Waals e as interacções iónicas.

Nanomateriais essenciais

Vários nanomateriais tornaram-se fundamentais para a nanotecnologia, cada um com propriedades e aplicações únicas.

1. Nanotubos de carbono (CNT)

- **Estrutura e propriedades:** Os CNT são moléculas cilíndricas com extraordinária resistência, condutividade eléctrica e condutividade térmica. São compostos por folhas enroladas de átomos de carbono de camada única (grafeno).

- **Aplicações:** Os CNT são utilizados em eletrónica, ciência dos materiais, armazenamento de energia e sistemas de administração de medicamentos.

2. Grafeno

- **Carbono de camada única:** O grafeno é uma camada única de átomos de carbono dispostos numa estrutura hexagonal, conhecida pelas suas excepcionais propriedades eléctricas, térmicas e mecânicas.

- **Aplicações:** O grafeno está a ser explorado para utilização em eletrónica flexível, baterias de alta capacidade e compósitos avançados.

3. Pontos Quânticos

- **Nanopartículas semicondutoras:** Os pontos quânticos são partículas semicondutoras em nanoescala que exibem propriedades mecânicas quânticas, conduzindo a comportamentos ópticos e electrónicos únicos.

- **Aplicações:** São utilizados em imagiologia médica, células solares e tecnologias de visualização.

4. Nanopartículas

- **Metais e óxidos metálicos:** As nanopartículas de metais (por exemplo, ouro, prata) e óxidos metálicos (por exemplo, dióxido de titânio, óxido de zinco) têm diversas aplicações devido às suas propriedades catalíticas, ópticas e antimicrobianas.

- **Aplicações:** São utilizados na catálise, nos cosméticos, na administração de medicamentos e na proteção do ambiente.

Aplicações da nanotecnologia

A nanotecnologia tem uma vasta gama de aplicações, transformando indústrias e melhorando produtos.

1. Medicamentos

- **Administração de medicamentos:** As nanopartículas podem ser concebidas para administrar medicamentos diretamente às células visadas, aumentando a eficácia e reduzindo os efeitos secundários dos tratamentos.

- **Diagnóstico:** Os pontos quânticos e outros nanomateriais melhoram as técnicas de imagiologia, permitindo um diagnóstico mais precoce e mais exato das doenças.

- **Terapias:** A nanotecnologia é utilizada em novas terapias, como a terapia fototérmica, em que as nanopartículas convertem a luz em calor para destruir as células cancerígenas.

2. Eletrónica

- **Transístores e circuitos:** Os transístores à nanoescala são a base da eletrónica moderna, permitindo a miniaturização contínua e o aumento do desempenho dos dispositivos electrónicos.

- **Eletrónica flexível:** Os nanomateriais, como o grafeno e os CNT, são utilizados para criar eletrónica flexível e vestível que mantém o desempenho enquanto pode ser dobrada e esticada.

- **Computação quântica:** A nanotecnologia é fundamental para o desenvolvimento de bits quânticos (qubits) para computadores quânticos, que prometem revolucionar a capacidade de computação e de resolução de problemas.

3. Energia

- **Células solares:** Os nanomateriais melhoram a eficiência e reduzem o custo das células solares, conduzindo a um aproveitamento mais eficaz da energia solar.

- **Baterias e supercapacitores:** A nanotecnologia melhora os dispositivos de armazenamento de energia, aumentando a capacidade, a velocidade de carregamento e o tempo de vida útil.

- **Células de combustível:** Os nanocatalisadores são utilizados para melhorar a eficiência e reduzir o custo das células de combustível, tornando-as mais viáveis para a produção de energia.

4. Ciência dos materiais

- **Materiais fortes e leves:** Os nanocompósitos, que incorporam nanomateriais em polímeros ou metais, resultam em materiais mais fortes, mais leves e mais duráveis.

- **Superfícies autolimpantes:** Os revestimentos nanoestruturados podem criar superfícies que repelem a água e a sujidade, conduzindo a materiais autolimpantes para várias aplicações.

5. Remediação ambiental

- **Controlo da poluição:** Os nanomateriais são utilizados para remover os poluentes do ar, da água e do solo. Por exemplo, as nanopartículas podem adsorver metais pesados e degradar contaminantes orgânicos.

- **Purificação da água:** A nanotecnologia melhora os sistemas de filtragem da água, tornando-os mais eficazes na remoção de contaminantes e agentes patogénicos.

Perspectivas futuras

A nanotecnologia está pronta para continuar o seu rápido avanço, com desenvolvimentos futuros que prometem um impacto ainda maior.

1. Nanomedicina

- **Medicina personalizada:** A nanotecnologia permitirá tratamentos mais personalizados, adaptados aos perfis genéticos e moleculares de cada doente.

- **Medicina regenerativa:** Os nanomateriais estão a ser desenvolvidos para apoiar a engenharia de tecidos e a medicina regenerativa, permitindo potencialmente o crescimento de tecidos e órgãos de substituição.

2. Eletrónica avançada

- **Continuação da Lei de Moore:** A nanotecnologia impulsionará a continuação da Lei de Moore, permitindo a produção de dispositivos electrónicos mais pequenos, mais rápidos e mais eficientes.

- **Computação Neuromórfica:** Imitando a estrutura neuronal do cérebro humano, a computação neuromórfica que utiliza a nanotecnologia conduzirá a sistemas de inteligência artificial mais eficientes e poderosos.

3. Soluções energéticas sustentáveis

- **Células solares de nova geração:** A investigação em curso visa desenvolver células solares com uma eficiência ainda maior e um custo mais baixo, utilizando nanomateriais e técnicas de fabrico avançados.

- **Recolha de energia:** As nanotecnologias permitirão novos métodos de captação de energia do ambiente, como os nanogeradores piezoeléctricos que convertem energia mecânica em energia eléctrica.

4. Proteção do ambiente

- **Nanotecnologia verde:** O desenvolvimento de nanomateriais e processos respeitadores do ambiente, como nanopartículas biodegradáveis e métodos de síntese ecológicos, minimizará o impacto ambiental.

- **Atenuação das alterações climáticas:** As nanotecnologias contribuirão para a atenuação das alterações climáticas, melhorando as tecnologias de energias renováveis, aperfeiçoando os métodos de captura de carbono e desenvolvendo sistemas energéticos mais eficientes.

Considerações éticas e de segurança

O rápido avanço da nanotecnologia suscita importantes preocupações éticas e de segurança que devem ser abordadas.

1. Riscos para a saúde e o ambiente

- **Toxicidade dos nanomateriais:** É fundamental compreender a toxicidade potencial e o impacto ambiental dos nanomateriais. Está em curso investigação para avaliar e atenuar eventuais efeitos adversos.

- **Regulamentação e normas:** O desenvolvimento de regulamentos e normas abrangentes para a produção, utilização e eliminação seguras de nanomateriais é essencial para a proteção da saúde humana e do ambiente.

2. Implicações éticas

- **Privacidade e segurança:** A nanotecnologia, em especial no domínio da eletrónica e da vigilância, suscita preocupações quanto à privacidade e à segurança. Devem ser desenvolvidos quadros éticos para equilibrar a inovação com os direitos individuais.

- **Acesso equitativo:** Garantir que os benefícios das nanotecnologias sejam distribuídos de forma equitativa e que os países em desenvolvimento tenham acesso a estes avanços é crucial para o desenvolvimento global.

Conclusão

A nanotecnologia representa uma fronteira transformadora na ciência e na engenharia, oferecendo oportunidades sem precedentes para melhorar o nosso mundo. Ao aproveitar as propriedades únicas dos materiais à escala nanométrica, podemos desenvolver soluções inovadoras para alguns dos desafios mais prementes que a humanidade enfrenta, desde os cuidados de saúde e a energia até à proteção do ambiente e à computação avançada. À medida que continuamos a explorar e a aperfeiçoar estas tecnologias, é essencial abordar as questões éticas e de segurança associadas, garantindo que os benefícios da nanotecnologia se concretizam de uma forma responsável e equitativa.

Capítulo 7: Materiais e estruturas inteligentes - O futuro da engenharia

Introdução

Os materiais e estruturas inteligentes representam um salto significativo na engenharia, permitindo sistemas que podem adaptar-se, responder e evoluir em resposta ao seu ambiente. Estes materiais possuem a capacidade de alterar as suas propriedades de forma dinâmica, oferecendo uma funcionalidade e eficiência sem precedentes. Este capítulo explora os princípios subjacentes aos materiais inteligentes, as suas diversas aplicações e as implicações futuras para a engenharia e a tecnologia.

A física dos materiais inteligentes

Os materiais inteligentes caracterizam-se pela sua capacidade de sofrer alterações significativas e reversíveis das suas propriedades devido a estímulos externos, como a temperatura, a pressão, os campos eléctricos ou magnéticos e os ambientes químicos.

1. Materiais piezoeléctricos

- **Mecanismo:** Os materiais piezoeléctricos geram uma carga eléctrica em resposta a uma tensão mecânica e, inversamente, mudam de forma quando é aplicado um campo elétrico. Esta dupla capacidade permite-lhes atuar como sensores e actuadores.

- **Aplicações:** Utilizado em dispositivos médicos de ultra-sons, actuadores de precisão e sistemas de recolha de energia.

2. Ligas com memória de forma (SMAs)

- **Mecanismo:** As SMAs podem voltar a uma forma pré-definida quando aquecidas após terem sido deformadas. Isto deve-se a uma transformação de fase entre as fases martensite e austenite.

- **Aplicações:** Utilizado em stents médicos, actuadores e componentes aeroespaciais.

3. Materiais termocrómicos e fotocrómicos

- **Termocrómico:** Estes materiais mudam de cor em resposta a alterações de temperatura, úteis em sensores de temperatura e vestuário reativo.

- **Fotocrómico:** Mudam de cor quando expostos à luz, utilizados em óculos que escurecem com a luz solar e em sensores de UV.

4. Materiais electrocrómicos

- **Mecanismo:** Os materiais electrocrómicos mudam de cor quando é aplicada uma tensão eléctrica. Esta propriedade é utilizada em janelas e ecrãs inteligentes.

- **Aplicações:** Janelas inteligentes que podem controlar a transmissão de luz e a eficiência energética, ecrãs de papel eletrónico.

5. Materiais Magnetostrictivos

- **Mecanismo:** Estes materiais mudam de forma em resposta a um campo magnético e geram um campo magnético quando deformados.

- **Aplicações:** Utilizado em actuadores de precisão, sensores e sistemas de sonar.

6. Materiais autocurativos

- **Mecanismo:** Estes materiais podem reparar automaticamente os danos sem intervenção externa, utilizando frequentemente agentes de cura microencapsulados ou ligações químicas reversíveis.

- **Aplicações:** Aplicado em revestimentos, polímeros e materiais compostos para aumentar a longevidade e a durabilidade.

7. Hidrogéis

- **Mecanismo:** Os hidrogéis podem absorver grandes quantidades de água e alterar o seu volume e propriedades mecânicas em resposta a alterações ambientais.

- **Aplicações:** Utilizado em aplicações biomédicas, tais como sistemas de administração de medicamentos e engenharia de tecidos.

Aplicações de materiais inteligentes

Os materiais inteligentes têm encontrado aplicações numa vasta gama de domínios, melhorando significativamente a funcionalidade e a eficiência.

1. Aeroespacial e Defesa

- **Asas adaptáveis:** São utilizados materiais inteligentes em asas de avião que podem mudar de forma para um desempenho aerodinâmico ótimo.

- **Controlo de vibrações:** Os materiais piezoeléctricos são utilizados para amortecer as vibrações em aeronaves e naves espaciais, melhorando a estabilidade e o conforto.

2. Medicamentos

- **Dispositivos médicos:** As SMAs são utilizadas em stents que podem expandir-se à temperatura do corpo para suportar os vasos sanguíneos.

- **Libertação de medicamentos:** Os hidrogéis e outros materiais inteligentes são utilizados para criar sistemas de libertação controlada de medicamentos.

3. Engenharia civil

- **Infra-estruturas inteligentes:** A incorporação de sensores e actuadores nas estruturas permite a monitorização em tempo real e respostas adaptativas às condições ambientais, aumentando a segurança e a longevidade.

- **Betão auto-regenerativo:** O betão incorporado com agentes auto-regeneradores pode reparar automaticamente as fissuras, reduzindo os custos de manutenção e prolongando a vida útil das infra-estruturas.

4. Eletrónica de consumo

- **Ecrãs flexíveis:** Os materiais electrocrómicos e outros materiais reactivos permitem o desenvolvimento de ecrãs flexíveis e dobráveis para smartphones e outros dispositivos.

- **Tecnologia vestível:** Os têxteis inteligentes com sensores incorporados podem monitorizar parâmetros fisiológicos para aplicações de saúde e fitness.

5. Energia

- **Captação de energia:** Os materiais piezoeléctricos são utilizados em sistemas que convertem energia mecânica, como as vibrações ou o movimento humano, em energia eléctrica.

- **Janelas inteligentes:** As janelas electrocromáticas podem controlar a transmissão de luz e calor, melhorando a eficiência energética dos edifícios.

6. Robótica

- **Robótica suave:** Os hidrogéis e outros materiais inteligentes permitem a criação de robôs macios que podem adaptar-se a ambientes complexos e efetuar tarefas delicadas.

- **Actuadores:** As SMAs e outros materiais reactivos são utilizados para criar actuadores precisos e eficientes para sistemas robóticos.

Direcções futuras

O futuro dos materiais e estruturas inteligentes encerra um imenso potencial de inovação e progresso.

1. Materiais multifuncionais

- **Sistemas integrados:** Os futuros materiais inteligentes integrarão múltiplas funcionalidades, como a auto-sensorização, a auto-cura e a captação de energia, em materiais únicos para sistemas mais eficientes e compactos.

- **Nanocompósitos:** A combinação de materiais inteligentes com a nanotecnologia irá melhorar as suas propriedades e permitir novas aplicações em medicina, eletrónica e outras áreas.

2. Técnicas avançadas de fabrico

- **Impressão 3D:** As técnicas de fabrico aditivo permitirão o fabrico preciso de materiais inteligentes com geometrias complexas e propriedades adaptadas.

- **Desenhos de inspiração biológica:** A inspiração na natureza, como as propriedades de auto-cura dos tecidos biológicos, conduzirá ao desenvolvimento de materiais inteligentes avançados.

3. Sustentabilidade ambiental

- **Materiais ecológicos:** O desenvolvimento de materiais inteligentes a partir de recursos renováveis e a utilização de processos ecológicos minimizarão o impacto ambiental.

- **Eficiência energética:** Os materiais inteligentes desempenharão um papel crucial nos sistemas eficientes do ponto de vista energético, desde as redes inteligentes até aos edifícios e transportes eficientes do ponto de vista energético.

4. Melhoria da interação homem-máquina

- **Interfaces vestíveis:** Os têxteis inteligentes e os materiais reactivos criarão interfaces mais intuitivas e sem descontinuidades entre o homem e as máquinas.

- **Feedback tátil:** Os materiais inteligentes permitirão sistemas avançados de feedback háptico, melhorando as experiências de realidade virtual e aumentada.

5. Inovações no sector da saúde

- **Medicina personalizada:** Os materiais inteligentes permitirão tratamentos médicos personalizados, tais como sistemas de administração de medicamentos adaptados às necessidades individuais dos doentes.

- **Medicina regenerativa:** Os avanços nos biomateriais inteligentes apoiarão a engenharia de tecidos e a medicina regenerativa, conduzindo potencialmente a avanços na substituição e reparação de órgãos.

Desafios e soluções

Embora os materiais inteligentes ofereçam um potencial imenso, é necessário enfrentar vários desafios para concretizar plenamente os seus benefícios.

1. Durabilidade e fiabilidade

- **Desempenho a longo prazo:** Garantir a durabilidade e a fiabilidade a longo prazo dos materiais inteligentes, especialmente em ambientes agressivos, é crucial para a sua adoção generalizada.

- **Investigação e ensaios:** É necessária uma investigação contínua e testes rigorosos para compreender o comportamento dos materiais inteligentes ao longo do tempo e em diferentes condições.

2. Custo e escalabilidade

- **Custos de fabrico:** O desenvolvimento de processos de fabrico rentáveis para materiais inteligentes é essencial para a sua viabilidade comercial.

- **Escalabilidade:** Aumentar a escala da produção de materiais inteligentes, mantendo a qualidade e o desempenho, é um desafio significativo.

3. Integração e compatibilidade

- **Integração de sistemas:** A integração de materiais inteligentes em sistemas existentes e a garantia da sua compatibilidade com outros componentes requerem engenharia e design avançados.

- **Colaboração interdisciplinar:** A colaboração entre cientistas de materiais, engenheiros e peritos da indústria é essencial para uma integração e aplicação bem sucedidas.

4. Considerações éticas e de segurança

- **Normas de segurança:** É crucial estabelecer normas e regulamentos de segurança para a utilização de materiais inteligentes, especialmente em aplicações médicas e de consumo.

- **Implicações éticas:** A resolução das preocupações éticas relacionadas com a implantação e o impacto dos materiais inteligentes, como as questões de privacidade com a tecnologia vestível, é importante para a aceitação pública.

Conclusão

Os materiais e estruturas inteligentes representam o futuro da engenharia, oferecendo soluções dinâmicas e adaptáveis a uma vasta gama de desafios. Ao aproveitar as propriedades únicas dos materiais a nível molecular, podemos criar sistemas mais eficientes, resistentes e versáteis. À medida que a investigação e o desenvolvimento continuam a avançar, os materiais inteligentes desempenharão um papel cada vez mais vital na formação das tecnologias do futuro, impulsionando a inovação em todos os sectores e melhorando a qualidade de vida das pessoas em todo o mundo. A adoção destes avanços, ao mesmo tempo que se enfrentam os desafios associados, abrirá caminho para um futuro sustentável e tecnologicamente avançado.

Capítulo 8: Robótica e automatização - O futuro da colaboração homem-máquina

Introdução

O campo da robótica e da automação tem feito enormes progressos nos últimos anos, transformando as indústrias e a vida quotidiana. À medida que as máquinas se tornam mais inteligentes e autónomas, a colaboração entre humanos e robôs abre novas possibilidades e desafios. Este capítulo explora os princípios da robótica e da automação, as aplicações actuais, as tendências futuras e as implicações para a sociedade e a força de trabalho.

A física da robótica e da automatização

A robótica e a automação baseiam-se nos princípios da física, em particular da mecânica, da eletrónica e dos sistemas de controlo.

1. Mecânica

- **Cinemática e dinâmica:** O estudo do movimento (cinemática) e das forças (dinâmica) é essencial para a conceção de sistemas robóticos. Isto inclui a compreensão do movimento de braços robóticos, articulações e efectores finais.

- **Integridade estrutural:** Os princípios da ciência dos materiais e da engenharia mecânica garantem que os robôs são construídos para suportar tensões e deformações operacionais.

2. Eletrónica

- **Sensores e Actuadores:** Os sensores detectam as condições ambientais (por exemplo, temperatura, luz, distância), enquanto os actuadores convertem os sinais eléctricos em movimento mecânico. Ambos são cruciais para a funcionalidade do robot.

- **Microcontroladores e processadores:** Estes são os cérebros dos robôs, processando dados de sensores e executando algoritmos de controlo para realizar tarefas.

3. Sistemas de controlo

- **Loops de feedback:** Os sistemas de controlo utilizam circuitos de feedback para manter os estados ou resultados desejados. Isto envolve o ajuste das acções robóticas com base nas entradas dos sensores para obter movimentos e respostas precisas.

- **Algoritmos:** Os algoritmos avançados, incluindo os controladores PID (Proporcional-Integral-Derivativo) e os modelos de aprendizagem automática, permitem comportamentos complexos e adaptabilidade nos robots.

Tecnologias-chave em Robótica e Automação

Várias tecnologias de base impulsionam os avanços na robótica e na automação, permitindo sistemas mais sofisticados e capazes.

1. Inteligência artificial (IA) e aprendizagem automática

- **Visão por computador:** Os algoritmos de IA processam a informação visual das câmaras, permitindo aos robôs reconhecer objectos, navegar em ambientes e efetuar o controlo de qualidade no fabrico.

- **Processamento de linguagem natural (PNL):** A PNL permite que os robôs compreendam e respondam à linguagem humana, facilitando a comunicação e a interação em robôs de serviço e de cuidados de saúde.

- **Aprendizagem por reforço:** Este tipo de aprendizagem automática permite que os robôs aprendam com as suas acções e melhorem o desempenho através de tentativa e erro, conduzindo a uma tomada de decisões mais autónoma.

2. Deteção e perceção avançadas

- **Lidar e Radar:** Estes sensores fornecem medições de distância precisas e mapeamento ambiental, cruciais para veículos autónomos e drones.

- **Sensores tácteis:** Imitando o sentido do tato, estes sensores permitem que os robôs manuseiem objectos delicadamente e executem tarefas que exijam capacidades motoras finas.

3. Acionamento e mobilidade

- **Motores eléctricos e servos:** Estes actuadores fornecem um controlo preciso dos movimentos robóticos, desde simples rotações a manobras complexas.

- **Robótica suave:** Os actuadores e materiais macios permitem que os robôs executem tarefas que requerem um toque suave e flexibilidade, como o manuseamento de objectos frágeis ou a interação com seres humanos.

4. Interação Homem-Robot (HRI)

- **Reconhecimento de gestos:** Utilizando câmaras e sensores, os robôs podem interpretar os gestos humanos e responder em conformidade, melhorando a colaboração em espaços de trabalho partilhados.

- **Interfaces vestíveis:** Dispositivos como exoesqueletos e luvas hápticas permitem que os humanos controlem os robôs de forma intuitiva e recebam feedback, melhorando a precisão e reduzindo o esforço.

Aplicações da robótica e da automatização

A robótica e a automação estão a transformar várias indústrias, melhorando a eficiência, a segurança e as capacidades.

1. Fabrico e indústria

- **Automação da linha de montagem:** Os robôs executam tarefas repetitivas com elevada precisão e velocidade, melhorando a produtividade e a consistência dos processos de fabrico.

- **Robôs colaborativos (Cobots):** Estes robôs trabalham lado a lado com os humanos, ajudando em tarefas que requerem flexibilidade e supervisão humana, aumentando a produtividade e a segurança.

2. Cuidados de saúde

- **Robôs cirúrgicos:** Robôs como o Da Vinci Surgical System permitem cirurgias minimamente invasivas com elevada precisão e controlo, reduzindo os tempos de recuperação e melhorando os resultados.

- **Reabilitação e assistência:** Os exoesqueletos e as próteses robóticas ajudam os doentes na reabilitação, melhorando a mobilidade e a independência.

3. Logística e cadeia de abastecimento

- **Armazéns automatizados:** Os robôs nos armazéns gerem o inventário, recuperam artigos e preparam as encomendas para expedição, aumentando a eficiência e reduzindo os custos de mão de obra.

- **Entrega autónoma:** Drones e veículos de entrega robotizados transportam mercadorias diretamente para os consumidores, melhorando a velocidade e a conveniência da entrega.

4. Agricultura

- **Agricultura de precisão:** Os robôs equipados com sensores e IA analisam as condições das culturas, aplicam fertilizantes e efectuam a colheita, optimizando o rendimento e reduzindo o desperdício.

- **Monitorização do gado:** Os sistemas automatizados monitorizam a saúde e o comportamento do gado, melhorando o bem-estar dos animais e a produtividade das explorações agrícolas.

5. Robôs de serviço e domésticos

- **Robôs domésticos:** Robôs como aspiradores, cortadores de relva e limpa-vidros realizam tarefas domésticas, poupando tempo e esforço aos proprietários de casas.

- **Serviço ao cliente:** Os robôs de serviço em hotéis, aeroportos e lojas de retalho ajudam os clientes, fornecendo informações e realizando tarefas como transportar bagagens ou reabastecer prateleiras.

6. Veículos autónomos

- **Carros autónomos:** Os veículos autónomos utilizam uma combinação de sensores, IA e sistemas de controlo para navegar nas estradas, reduzindo a necessidade de condutores humanos e aumentando potencialmente a segurança rodoviária.

- **Transporte público:** Os autocarros e vaivéns autónomos oferecem opções de transporte público eficientes e flexíveis, reduzindo o congestionamento e as emissões.

Tendências futuras em robótica e automação

O futuro da robótica e da automação promete sistemas ainda mais avançados e integrados, impulsionados pela investigação e inovação contínuas.

1. Robótica de enxame

- **Comportamento cooperativo:** A robótica de enxame envolve múltiplos robôs que trabalham em conjunto para realizar tarefas complexas, inspirados no comportamento coletivo de insectos sociais como as formigas e as abelhas.

- **Aplicações:** As aplicações potenciais incluem missões de busca e salvamento, monitorização ambiental e projectos de construção em grande escala.

2. Integração melhorada da IA

- **Aprendizagem autónoma:** Os robôs do futuro serão capazes de aprender e adaptar-se a novas tarefas de forma autónoma, reduzindo a necessidade de programação e de intervenção humana.

- **Inteligência emocional:** O desenvolvimento de robôs com inteligência emocional permitirá interacções mais naturais e eficazes com os seres humanos, especialmente em funções de prestação de cuidados e de companhia.

3. Mobilidade avançada

- **Robôs com pernas:** Os robôs com locomoção avançada com pernas navegarão em terrenos e ambientes complexos que constituem um desafio para os robôs com rodas.

- **Robôs aéreos e subaquáticos:** O aumento da mobilidade no ar e na água expandirá as capacidades dos drones e dos veículos subaquáticos para aplicações como a monitorização e a exploração ambiental.

4. Aumento da capacidade humana

- **Exo-esqueletos:** Os exoesqueletos avançados aumentarão a força e a resistência humanas, apoiando os trabalhadores em trabalhos fisicamente exigentes e ajudando as pessoas com dificuldades de mobilidade.

- **Interfaces cérebro-máquina (IMC):** A comunicação direta entre o cérebro humano e os robôs permitirá um controlo mais intuitivo e preciso, revolucionando domínios como a medicina e a defesa.

Implicações para a sociedade e a força de trabalho

O aumento da robótica e da automatização traz oportunidades e desafios para a sociedade e para os trabalhadores.

1. Deslocação e criação de emprego

- **Deslocação:** A automatização pode deslocar certos empregos, em especial os que envolvem tarefas repetitivas. As indústrias e os trabalhadores devem adaptar-se a estas mudanças através da requalificação e da melhoria das competências.

- **Criação:** Surgirão novos empregos em domínios como a manutenção de robôs, a programação e o desenvolvimento de IA. Os programas de educação e formação devem evoluir para preparar a mão de obra para estas funções.

2. Considerações éticas e jurídicas

- **Segurança e responsabilidade:** É fundamental garantir a segurança dos sistemas autónomos e estabelecer claramente a responsabilidade em caso de acidentes ou mau funcionamento.

- **Privacidade e segurança:** À medida que os robôs recolhem e processam dados, a proteção da privacidade do utilizador e a segurança dos sistemas contra ciberameaças são fundamentais.

3. Impacto económico

- **Ganhos de produtividade:** A automatização pode aumentar significativamente a produtividade e o crescimento económico, mas os benefícios devem ser distribuídos de forma equitativa para evitar o aumento da desigualdade social.

- **Competitividade global:** Os países que lideram no domínio da robótica e da automação ganharão uma vantagem competitiva na economia global, impulsionando a inovação e o investimento.

4. Qualidade de vida

- **Cuidados de saúde e acessibilidade:** A robótica pode melhorar os resultados dos cuidados de saúde e a acessibilidade das pessoas com deficiência, melhorando a qualidade de vida.

- **Equilíbrio entre vida profissional e pessoal:** A automatização de tarefas mundanas e de trabalho intensivo pode libertar tempo para actividades criativas e gratificantes, melhorando potencialmente o equilíbrio entre a vida profissional e pessoal.

Conclusão

A robótica e a automação estão a remodelar o futuro da colaboração homem-máquina, oferecendo oportunidades sem precedentes de inovação e eficiência em vários sectores. À medida que estas tecnologias continuam a evoluir, trarão benefícios e desafios significativos que têm de ser cuidadosamente explorados. Ao abraçar os avanços da robótica e da automação, a sociedade pode aumentar a produtividade, melhorar a qualidade de vida e impulsionar o crescimento económico, ao mesmo tempo que aborda as implicações éticas, sociais e económicas para garantir um futuro inclusivo e equitativo.

Reflectindo sobre a viagem

Ao longo deste livro, embarcámos numa viagem que explora os conhecimentos profundos e os avanços transformadores impulsionados pela interação entre a física e a tecnologia. Cada capítulo mostra-nos como os princípios fundamentais da física estão na base de um espetro de tecnologias futuras que irão moldar o nosso mundo.

No Capítulo 1, a computação quântica surge como um paradigma revolucionário, tirando partido da mecânica quântica para desbloquear o poder computacional muito para além dos limites clássicos. Os estados quânticos de sobreposição e emaranhamento prometem revolucionar o processamento da informação, oferecendo soluções para problemas complexos anteriormente considerados intransponíveis.

O Capítulo 2 aprofunda a busca da energia de fusão, apresentando uma visão de energia limpa e virtualmente ilimitada. Baseada nos princípios da física dos plasmas e das reacções de fusão nuclear, a fusão tem potencial para satisfazer as necessidades energéticas globais de forma sustentável, marcando um salto significativo na abordagem das alterações climáticas e da segurança energética.

A Inteligência Artificial (IA) e a Aprendizagem Automática (AM) ocupam um lugar central no Capítulo 3, onde os princípios da física impulsionam as inovações na cognição e na automatização. Desde redes neuronais inspiradas no cérebro humano a algoritmos que optimizam a tomada de decisões, a IA transforma as indústrias e a vida quotidiana, impulsionada por avanços na eficiência computacional e na modelação baseada na física.

As tecnologias de energia renovável são exploradas no Capítulo 5, mostrando como a física impulsiona as inovações em energia fotovoltaica, turbinas eólicas e armazenamento de energia. Estas tecnologias prometem um futuro sustentável alimentado por fontes limpas e renováveis, revolucionando a produção de energia e os padrões de consumo a nível mundial.

A nanotecnologia, tal como abordada no Capítulo 6, simboliza a convergência da física e da engenharia à escala molecular. Os efeitos quânticos, como o confinamento quântico e o tunelamento, permitem materiais com propriedades extraordinárias, abrindo caminho a avanços na eletrónica, na medicina e na reparação ambiental.

O capítulo 7 apresenta materiais e estruturas inteligentes, em que a física permite que os materiais se adaptem dinamicamente a estímulos externos. Desde ligas com memória de forma em dispositivos médicos a materiais auto-regeneráveis em infra-estruturas, estas inovações redefinem as capacidades de engenharia, aumentando a resiliência e a eficiência em todos os sectores.

No Capítulo 8, a robótica e a automação exemplificam a forma como os princípios físicos sustentam a mecânica, a eletrónica e os sistemas de controlo que conduzem os sistemas autónomos. Desde o fabrico e os cuidados de saúde à agricultura e à exploração espacial, os robôs aumentam a produtividade, a segurança e as capacidades humanas, prometendo uma colaboração homem-máquina ainda mais avançada no futuro.

Reflectindo sobre estes conhecimentos, a viagem pela física do futuro destaca a sinergia interdisciplinar e a convergência tecnológica como catalisadores da inovação. A sustentabilidade, a eficiência e as considerações éticas surgem como pilares cruciais na navegação pelos impactos sociais dos avanços tecnológicos. Ao olharmos para o futuro, abraçar estas inovações com clarividência e responsabilidade garante que aproveitamos todo o potencial das tecnologias baseadas na física para criar um mundo sustentável, inclusivo e tecnologicamente avançado, onde a humanidade prospera em harmonia com os avanços que criamos.

Referências:

- Nielsen, M. A., & Chuang, I. L. (2010). *Computação Quântica e Informação Quântica: 10th Anniversary Edition.* Cambridge University Press.

- Preskill, J. (2018). Computação Quântica na era NISQ e além. *Quantum,* 2, 79.

- Chen, F. F. (1986). *Introdução à Física dos Plasmas e à Fusão Controlada (Vol. 1).* Springer.

- Russell, S., & Norvig, P. (2020). *Inteligência Artificial: Uma Abordagem Moderna (4ª Edição).* Pearson.

- Goodfellow, I., Bengio, Y., & Courville, A. (2016). *Aprendizagem profunda.* MIT Press.

- Dincer, I., & Zamfirescu, C. (2013). *Sistemas e aplicações de energia sustentável.* Springer.

- Associação das Indústrias de Energia Solar (SEIA). (2020). Dados de pesquisa da indústria solar. Recuperado de https://www.seia.org/

- Ngo, A. T., & Lee, J. S. (2005). *Nanotecnologia em infra-estruturas civis: A Paradigm Shift.* Springer.

- Feynman, R. P. (1960). There's plenty of room at the bottom. *Engenharia e Ciência,* 23(5), 22-36.

- Ounaies, Z., & Smith, R. (Eds.). (2009). *Estruturas inteligentes: Blurring the Distinction Between the Living and the Nonliving.* Springer.

- Murphy, R. R., & Woods, D. D. (Eds.). (2014). *Introdução à robótica de IA.* MIT Press.

- Siciliano, B., & Khatib, O. (2008). *Springer Handbook of Robotics.* Springer.

I want morebooks!

Buy your books fast and straightforward online - at one of world's fastest growing online book stores! Environmentally sound due to Print-on-Demand technologies.

Buy your books online at
www.morebooks.shop

Compre os seus livros mais rápido e diretamente na internet, em uma das livrarias on-line com o maior crescimento no mundo! Produção que protege o meio ambiente através das tecnologias de impressão sob demanda.

Compre os seus livros on-line em
www.morebooks.shop

Printed by Books on Demand GmbH, Norderstedt / Germany